1234567789

My Path to Math

我的数学之路

数学思维启蒙全书

第**3**辑

小数 | 位值进阶

■ [美] 玛丽娜·科恩（Marina Cohen）等 著

阿尔法派工作室 李婷 译

人民邮电出版社

北京

图书在版编目（CIP）数据

我的数学之路：数学思维启蒙全书. 第3辑 / （美）玛丽娜·科恩（Marina Cohen）等著；阿尔法派工作室，李婷译. -- 北京：人民邮电出版社，2022.5（2022.11重印）
（爱上科学）
ISBN 978-7-115-56371-2

Ⅰ. ①我… Ⅱ. ①玛… ②阿… ③李… Ⅲ. ①数学—少儿读物 Ⅳ. ①O1-49

中国版本图书馆CIP数据核字(2021)第066747号

版权声明

内 容 提 要

数学思维启蒙系列图书，由多位美国中小学的数学教师、教育者共同撰写。本系列图书共3辑，本书为第3辑，共4册，每册分为不同的数学知识主题，包括小数、位值进阶、四舍五入、重新组合、周长、多边形、面积、三维图形、有关钱的问题等。书中用日常生活案例讲解每个数学知识，配合彩图，生动易懂，能够帮助孩子进行数学启蒙，激发学习数学的兴趣，同时培养数学思维。每章的最后还配有术语解释，有助于孩子理解数学术语。

◆ 著　　[美]玛丽娜·科恩（Marina Cohen）等

　　译　　阿尔法派工作室　李　婷

　　责任编辑　宁　茜

　　责任印制　彭志环

◆ 人民邮电出版社出版发行　　北京市丰台区成寿寺路 11 号

　　邮编　100164　　电子邮件　315@ptpress.com.cn

　　网址　https://www.ptpress.com.cn

　　北京博海升彩色印刷有限公司印刷

◆ 开本：690×970　1/16

　　印张：16　　　　　　　　　　　2022 年 5 月第 1 版

　　字数：169 千字　　　　　　　　2022 年 11 月北京第 2 次印刷

　　著作权合同登记号　图字：01-2017-7473 号

定价：109.00 元（全 4 册）

读者服务热线：(010)81055339　印装质量热线：(010)81055316
反盗版热线：(010)81055315

广告经营许可证：京东市监广登字 20170147 号

目 录
CONTENTS

小数

位值进阶

在宠物店

路易斯和爸爸在宠物店购物。路易斯已经攒了一些钱，他想给他的宠物鸟买一个玩具。

爸爸解释说价签上的数是**小数**。点是**小数点**。

小数点左边的数字是**整数**值，在价签上表示元数，小数点右边的数字表示的数值小于1，在价签上，这些数字表示角、分数。

¥ 8.00
¥ 0.80

元符号　小数点

路易斯看到一个价格为8元的鸟用饮水器，鸟镜价格为8角。

¥ 80.00

拓展

大声读出金丝鸟的价格。

路易斯的爸爸向他
解释如何读价格。

鸟用饮水器
¥8.00

鸟镜
¥0.80

元、角和分

路易斯在购物前，将硬币分类之后数了数所有钱。

将硬币分类是有趣的。1枚1角硬币等于10分，1元相当于10枚1角硬币。换句话说，1枚1角硬币是1元的**十分之一**，1元相当于100枚1分硬币，1枚1分硬币是1元的**百分之一**。

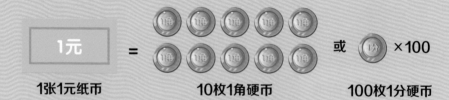

1张1元纸币　＝　10枚1角硬币　或　100枚1分硬币

路易斯有5元。爸爸已经教会他该如何读价签了，所以路易斯可以通过价签判断5元能买什么。在价签上，每个**数字**有**位值**。价格就像位值表。

拓 展

下列哪个价格意味着 10元4角？

¥　1.40
¥ 10.40
¥ 10.10
¥ 10.00

2在百位上，5在十位上，6在个位上。这只鹦鹉的价格读作"二百五十六元"。

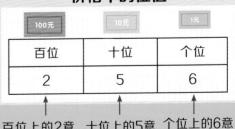

¥ 256.00

位值表

百位	十位	个位
2	5	6

这个2意味着有2个百。　　这个5意味着有5个十。　　这个6意味着有6个一。

价格中的位值

	100元	10元	1元

百位	十位	个位
2	5	6

百位上的2意味着200元。　　十位上的5意味着50元。　　个位上的6意味着6元。

十进制值

路易斯发现一个价格为2.56元的鸟梯，他开始按照读位值表的方式读价格。元的位置上有个2，角的位置上有个5，分的位置上有个6。鸟梯的价格是"2元5角6分"。

百位	十位	个位	.	
		元	.	角	分
		2	.	5	6

2的价值是2元。 5的价值是5角。 6的价值是6分。

他们看到一个绳架，价格为8.06元或"8元6分"。爸爸解释说这里的零是一个有效零，表示0角。请注意：8.06元和8.60元是不同的。

元	.	角	分
8	.	0	6

大声读出这些商品的价格。

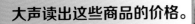

鸟梯
￥2.56

绳架
￥8.06

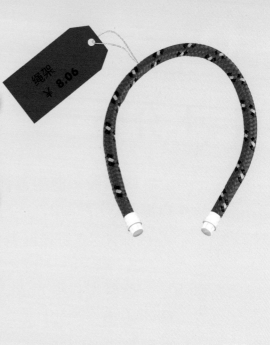

元	.	角	分
2	.	5	6

元	.	角	分
8	.	0	6

鸟的喂食器
￥7.00

鸟的玩具
￥0.70

元	.	角	分
7	.	0	0

元	.	角	分
0	.	7	0

十分位

　　路易斯和他的爸爸也看了鱼。鱼缸上有一个可以显示24.7℃和76.5°F的小工具。路易斯问这些数意味着什么。

　　爸爸说这些数表示水温，小圆圈代表**度**，C和F表示计量温度的两种方式。

　　我们以度来计量温度。小数点的左边是整数，小数点右边的第一位数字是表示十分位的数字。

　　24.7°C读作"二十四点七摄氏度"，76.5°F读作"七十六点五华氏度"。

华氏度的位值表

百位	十位	个位	.	十分位
	7	6	.	5

摄氏度的位值表

百位	十位	个位	.	十分位
	2	4	.	7

读水的温度时，十分位也是很重要的。

10等份的一部分	分数	小数
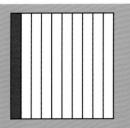	$\dfrac{1}{10}$ ← 红色部分 ← 所有部分	十分之一

个位	.	十分位
0	.	1

百分位

鱼食罐上也有小数。这些小数表示鱼食有多重。

路易斯在一个鱼食罐上看到这个数：7.06。

这个数的小数点右边有两个数字，他不确定该怎么读这个数。

爸爸说十分位右边的数位是百分位："这个数读作七点零六。"

这个鱼食罐中有7.06盎司（oz）鱼食，相当于200.15克，读作二百点一五克。

拓 展

在一个正方形中标出百分之一。一个大正方形有100等份。每一等份就是百分之一。小数0.01意味着"百分之一"。"一点零一"写为小数是多少？

小数帮助我们谈论成百上千或百分之一的事情。

100等份的一部分

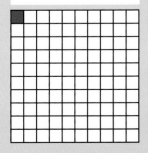

分数

$$\frac{1}{100}$$

← 红色部分

← 所有部分

小数

百分之一		
个位	.	十分位	百分位
0	.	0	1

更多小数

 鱼缸有**半**缸水。爸爸说表示二分之一的**分数**写作 $\frac{1}{2}$，它意味着"两等份中的一份"。

我们可以用十分之几来表示同样的事情。鱼缸的一边有10个高度相等的标记正好将鱼缸十等分，每个标记代表鱼缸的十分之一，鱼缸的水对应在第五个标记上。

$$\frac{1}{2} = \frac{5}{10} = 0.5$$

同一个鱼缸也可以有100个标记，每个标记可以代表鱼缸的百分之一，分数可以表示百分之几，小数也能表示百分之几。

$$\frac{1}{2} = \frac{5}{10} = 0.5 = \frac{50}{100} = 0.50$$

拓展

下一页的方框中，哪个表示十份中的一半？哪个表示一百份中的一半？

10条鱼中的5条被圈住了。
我们如何用小数来表示?

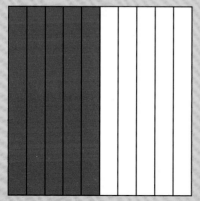
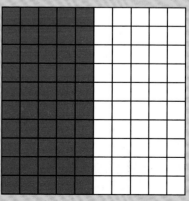

比较小数

十分位和百分位也被用来**比较**价格。爸爸和路易斯一起看可以摆放在鱼缸中的商品，他们看到一座价格为2.97元的城堡和一块价格为2.79元的石头。路易斯在位值表中把这两个价格对齐，然后他从左往右比较数字。

他从个位开始，然后比较十分位上的数字。换句话说，他先比较元数，再比较角数。角数是元的十分

个位	.	十分位	百分位
2	.	9	7
2	.	7	9

之几。

路易斯看到两个数字个位上都是2。他接下来看十分位，9**大于**7，这意味着2.97元比2.79元大。城堡的价格大于石头的价格。

拓展

哪一个表示城堡的价格？

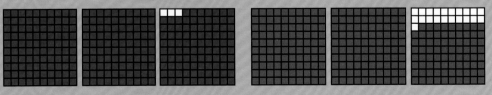

2.97元   2.79元

￥2.97

￥2.79

符号＞意味着大于。
符号＜意味着小于。
2.97元＞2.79元

排列小数

路易斯想知道如何比较2个以上的小数。爸爸用3个小数来举例，他告诉路易斯要从左往右比较数字。路易斯先从元数开始，之后再看表示元十分之几的角数，最后，他比较表示元百分之几的分数。

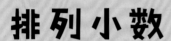

比较个位或元数。

4 > 3，所以4.34元是最大的！

个位	.	十分位	百分位
4	.	3	4
3	.	3	8
3	.	2	8

4 > 3 ··· =
4 > 3，所以4.34是最大的。

3 > 2 ··· =
3 > 2，所以3.28是最小的。

然后比较十分位或角数。

3 > 2，所以3.38元 > 3.28元

将价格按从大到小的顺序排列是4.34元、3.38元、3.28元。

¥ 0.75

¥ 0.30

¥ 0.50

比较元数，然后比较角数，再然后比较分数。
找出哪个是最小的价格和哪个是最大的价格。

生活中的小数

路易斯已经在宠物店学到了许多有关小数的知识。

小数是有用的。它们可以表示价格，小数也可以表示温度和质量。

你会运用小数吗？哪个是一块披萨的合理价格？

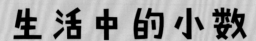

900分 90元 9分 0.99元

用1元你可以买下列哪件物品？

1.10元   0.91元   0.67元

拓展

在报纸上、包装盒上和别的地方寻找小数，大声读出数字。看看在你的生活中，有多少领域会用到小数。

16.9 fl oz
500 ml

元	.	角	分
个位	.	十分位	百分位
1	.	7	5

¥ 1.75

个位 → 1.15

十分位 百分位

百位	十位	个位	.	十分位	百分位
		1	.	1	5

术语

分（cent） 美国的货币单位；1美分代表1美元的百分之一。

比较（compare） 就两种或两种以上同类的事物辨别异同。

小数（decimal number） 小数点右边有1位或更多位数字的数字。

小数点（decimal point） 将大于1的数和小于1的数分开的点。

度（degree） 温度中使用的计量单位。

数字（digit） 表示数目的符号，如0、1、2、3、4、5、6、7、8和9。

¥（yuan sign） 表示元的符号。

分数（fraction） 解释一个组合或一个整体中被使用或被看到的那部分数字，例如 $\frac{1}{4}$ 。

＞（大于，greater than）　表示两个数值中左边的数值较大的符号。

半（half）　两等份中的一份。

百分之一（hundredth）　100等份中的一份。

＜（小于，less than）　表示两个数值中左边的数值较小的符号。

位值（place value）　基于在整个数字中的位置，每一位数字在整个数字中具有的价值。

十分之一（tenth）　10等份中的一份。

整数（whole number）　并非小数或分数的数。

度的区别

Ｆ代表华氏
　　这是一个在美国等少数几个国家常用的温标。

Ｃ代表摄氏
　　这是一个在全世界范围内广泛使用的温标。

十 和 一

哈吉和艾玛在活动中心玩玩具火车。他们把10节火车车厢放在轨道上后，还有两节多余的火车车厢。他们总共有12节车厢。

他们正在学习位值。哈吉说："看，火车可以表示**位值**。"

我们可以用若干个"十"和若干个"一"来表示数字，比如，12意味着1个"十"和2个"一"。

拓 展

下面这幅图中有多少个"十"和多少个"一"呢？

数字11~19是由1个"十"和若干个"一"组成的。

哈吉和艾玛已经把10节火车车厢摆成一排了，他们的火车可以用1个"十"来表示。

还剩下2节火车车厢，这里总共有12节火车车厢。

数以百计的方块

接下来，孩子们玩方块。艾玛用100个方块做了一个正方形；哈吉搭建了4座塔，每座塔有10个方块；还多余出8个方块。

他们的方块有1个"百"、4个"十"和8个"一"。他们总共有148个方块。

148 = 1个"百"
      4个"十"
      8个"一"

拓展

看看蓝色的方块有几个"百"？几个"十"？几个"一"？

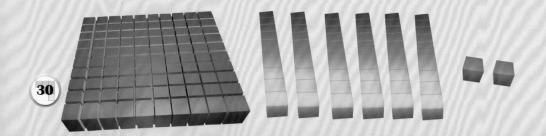

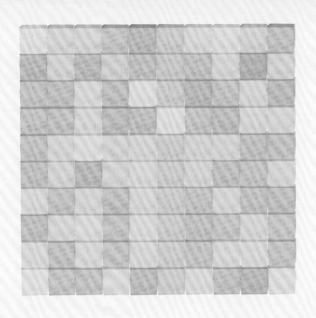

艾玛的正方形里有100个方块。

每个正方形是1个100的组合，每座塔是1个10的组合。

哈吉的每座塔有10个方块，4座塔有40个方块。

剩下8个方块。

数以千计

　　活动中心有许多装满珠子的盒子，孩子们喜欢用这些珠子做首饰。做一条项链要用1000颗珠子，做一个手镯要用100颗珠子。他们还发现用10颗珠子可以做一个戒指，只用1颗珠子可以做一个别针。艾玛已经做了2条项链和3个手镯，还做了1个戒指和4个别针。她总共用了多少颗珠子？

　　艾玛画了表格来计算总数。

　　较大的数也能用**位值表**表示。2在千位，3在百位，1在十位，4在个位。

千	百	十	个
2	3	1	4

3条项链 = 3个一千颗的珠子

2个手镯 = 2个一百颗的珠子

4个戒指 = 4个十颗的珠子

2个别针 = 2个一颗的珠子

在纸上画出以下表格，然后看着上图中的珠宝。把表格补充完整来表示艾玛所用的珠子的总数。

千	百	十	个

万

位值可以帮助人们计算更大的数字。例如，有一个爆米花机器，每次都能爆出超级多的爆米花！不过，你可以用下面这种方式来计算这些数字。

万	千	百	十	个
机器能容纳10000粒爆米花。	每个桶里能容纳1000粒爆米花。	每个人的小盘子里能装下100粒爆米花。	哈吉的手里一次能容纳10粒爆米花。	哈吉一次只能吃1粒爆米花。

位值表中，万位在千位的左边。

拓展

看看这个数字：84603。

万	千	百	十	个
8	4	6	0	3

万位上是什么**数字**？

千位上是什么数字？

一万有多少？它是10个一千！

展现数字的其他方式

老师拿出了黏土，艾玛捏了一个可以拉长的黏土玩偶。

老师告诉孩子们数字也可以拉长！我们通常用**标准形式**来展现数字，也可以用**展开形式**来展现它们。老师在黑板上写了一个例子。

标准形式：1465

大写形式：壹仟肆佰陆拾伍

千	百	十	个
1	4	6	5

展开形式：
1000+400+60+5

拓展

看看下面位值表中的数字，写出它的展开形式。

万	千	百	十	个
2	9	7	8	3

29783=20000+ ? + ? + ? + ?

1000＋400＋60＋5

展开形式是表现位值的
另一种方式。

比较数的大小

玩电子游戏时，哈吉得到6158分，艾玛得到6192分，他们**比较**了他们的分数。

为了方便比较，他们在位值表中将数字对齐。之后，他们比较每一位上的数字。他们从位值表的左边开始。

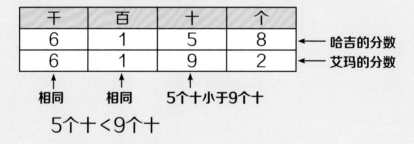

千	百	十	个	
6	1	5	8	← 哈吉的分数
6	1	9	2	← 艾玛的分数

↑	↑	↑	
相同	相同	5个十小于9个十	

5个十 < 9个十

符号"<"意味着左边小于右边。
符号">"意味着左边大于右边。
哈吉的得分小于艾玛的得分。

拓 展

哈吉和艾玛玩了另一个电子游戏。哈吉得了12250分。艾玛得了12092分。哪个分数较高？制作一张位值表来比较这两个分数。

艾玛

哈吉

6192

6158

6 1 9 2
6 1 5 8

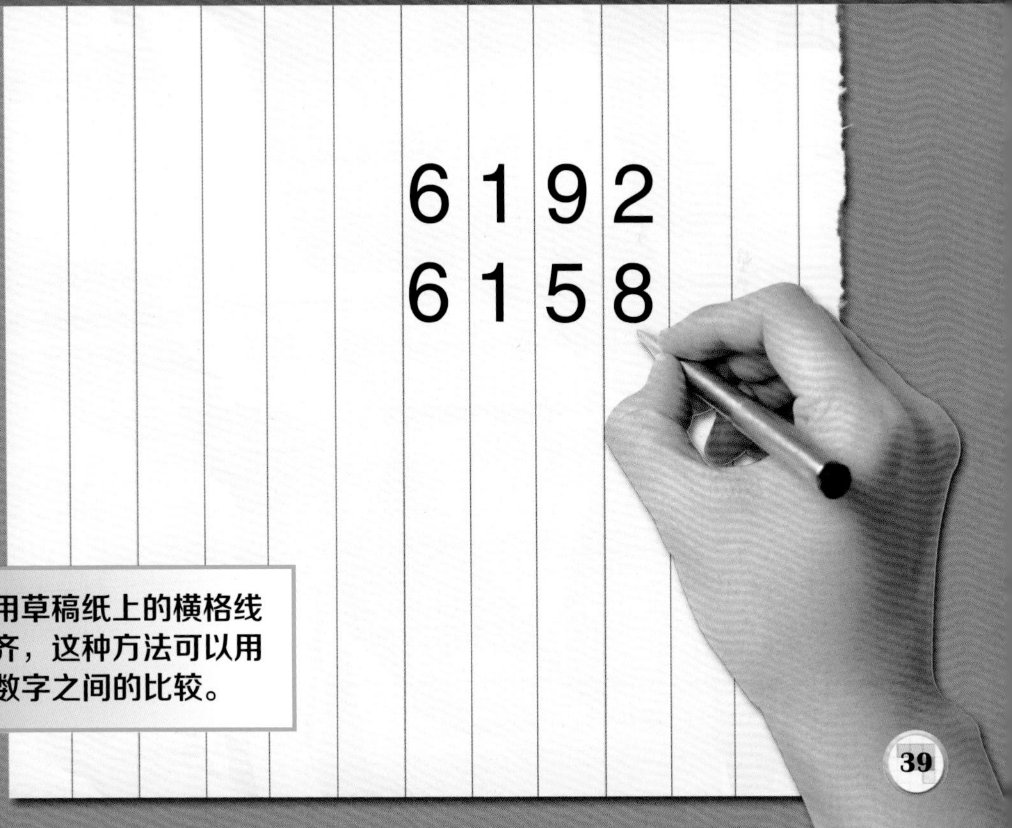

你可以利用草稿纸上的横格线将数字对齐，这种方法可以用于较大的数字之间的比较。

数字模式

接下来轮到珍妮和马里奥玩游戏。马里奥得了3250分，珍妮比马里奥多得了100分。珍妮的分数是多少？让珍妮分数的百位上的数字比马里奥的大1即可。

千	百	十	个
3	2	5	0	← 马里奥的分数
3	3	5	0	← 珍妮的分数

在接下来的游戏中，珍妮得了4075分，马里奥比珍妮多得了1000分。马里奥的分数是多少？让马里奥分数的千位上的数比珍妮的大1即可。

千	百	十	个
4	0	7	5	← 珍妮的分数
5	0	7	5	← 马里奥的分数

拓展

哪个数字比6530多10？

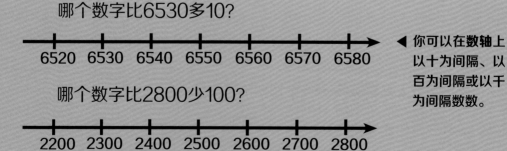

哪个数字比2800少100？

◀ 你可以在**数轴**上以十为间隔、以百为间隔或以千为间隔数数。

当游戏结束时，参与者们击掌庆祝！

利用位值做加法

孩子们一起画画。结束后，艾玛和哈吉帮忙整理。

艾玛数出了243支记号笔，哈吉数出了141支蜡笔。他们一共数出了多少支笔？

就像在位值表中那样，把这些数字对齐。把数字按从右到左的顺序相加。

243 　把个位数字相加。
+ 141 　把十位数字相加。
384 　把百位数字相加。

百	十	个
2	4	3
1	4	1
3	8	4

拓 展

假设老师本来有2712支记号笔，又找到一个装有223支记号笔的盒子。老师现在一共有多少支记号笔？

千	百	十	个
2	7	1	2
	2	2	3
?	?	?	?

利用位值把数字对齐
再相加。

$$243$$
$$+141$$

利用位值做减法

傍晚，孩子们一起玩游戏。金和耶西在玩一个有玩具纸币的游戏。游戏结束后，金有175美元，耶西有62美元，金的钱比耶西的多多少？

就像在位值表中那样，把这些数字对齐。然后，把数字按从右到左的顺序相减。要记得用元的符号（￥）。

```
  ￥ 175        把个位数字相减。
- ￥  62        把十位数字相减。
 ─────────
  ￥ 113        把百位数字相减。
```

百	十	个
1	7	5
	6	2
1	1	3

拓展

环顾四周，找数字。看看报纸和杂志上，你能找到一个最高位为百位的数吗？你能找到一个最高位为千位的数吗？用展开形式写下来，并标出每个数字的位值。

利用位值把数字对齐再相减。

百	十	个
1	7	5
	6	2

$$
\begin{array}{r}
¥175 \\
-\ ¥\ 62 \\
\hline
¥113
\end{array}
$$

术 语

比较（compare） 就两种或两种以上同类的事物辨别异同。

数字（digit） 表示数目的符号，如0、1、2、3、4、5、6、7、8和9。

展开形式（expandedform） 通过展现每个数位上的值的方式来写数字。

>（大于，greaterthan） 一个数学符号，表示符号左侧的数比右侧的大。

<（小于，less than） 一个数学符号，表示符号左侧的数比右侧的小。

数轴（number line） 本册中的数轴是规定了正方向和单位长度的直线。

位值（place value） 基于在整个数中的位置，每一位数字在整个数中具有的价值。

位值表（place-value chart） 每一位值同在一列的表格。

标准形式（standard form） 使用数字0~9写数的方式，例如4029。

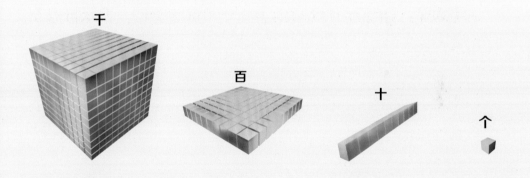

千	百	十	个
1	1	1	1